河长治水锦囊

本书编写组 编

中国水利水电出版社

www.waterpub.com.cn

图书在版编目（CIP）数据

河长治水锦囊 / 《河长治水锦囊》编写组编. -- 北京：中国水利水电出版社，2017.3
ISBN 978-7-5170-5284-5

Ⅰ．①河… Ⅱ．①河… Ⅲ．①水利工程—普及读物
Ⅳ．①TV-49

中国版本图书馆CIP数据核字(2017)第058017号

书　　名	河长治水锦囊 HEZHANG ZHISHUI JINNANG	
作　　者	本书编写组　编	
出版发行	中国水利水电出版社 (北京市海淀区玉渊潭南路1号D座　100038) 网址：www.waterpub.com.cn E-mail:sales@waterpub.com.cn 电话：（010）68367658（营销中心）	
经　　销	北京科水图书销售中心(零售) 电话:(010) 88383994、63202643、68545874 全国各地新华书店和相关出版物销售网点	
排　　版	台州红蓝广告有限公司	
印　　刷	北京嘉恒彩色印刷有限责任公司	
规　　格	140mm x 203mm　32开本　1.375印张　21千字	
版　　次	2017年3月第1版　2017年3月第1次印刷	
印　　数	0001-5000册	
定　　价	18.00元	

本书编写组名单

主　　编：江志聪

副 主 编：罗国根

编写人员：江志聪　罗国根　余春珠

　　　　　　吕　炜　徐　非　阮劲剑

插图设计：阮劲剑　陈玲君

编写单位：浙江省台州市"河长制"工作领导小组办公室

　　　　　　台州红蓝广告有限公司

出 版 说 明

2016年10月11日，中央全面深化改革领导小组第28次会议审议通过了《关于全面推行河长制的意见》。2017年元旦，习近平总书记在新年贺词中向世人宣告：每条河流要有河长了。"河长制"这一新形势下河湖生态治理和水安全保障的民生举措，成为群众关注的热点。

在"河长制"先行试点工作开展以来，浙江省台州市落实地方主体责任，协调整合各方力量，陆续出台了河长责任包干制度、河道整治方案落实协调制度、河长定期述职报告制度、河长考核督察制度、"河长制"投诉举报受理制度等专项制度，配合考核、约谈、追责措施，明确河长职责，做到每条河都有河长公示牌，有各级河长及联系单位、举报电话等，形成了地方政府对水环境和水安全负总责、全民积极参与治水的良好局面，建立了新型的河湖治理机制，促进了当地水资源保护、水域岸线管理、水污染防治、水环境治理等工作的开展。

在推行和落实 "河长制" 的同时，台州市 "河长制" 工作领导小组办公室根据中央和地方有关文件精神，

结合基层工作实践，编写了《河长治水锦囊》小册子，用生动形象的漫画展示了基层河长日常工作职责、工作内容和工作细则等内容。该册子风格活泼、图画生动、内容风趣易懂，是指导基层河长工作开展的宝典，具有较好的实用性和可读性。

为了推广台州市积极探索"河长制"的经验，也让群众能更清楚地了解基层河长应该"干什么"和"怎么干"，在台州市"河长制"工作领导小组办公室和台州红蓝广告有限公司的大力支持和积极配合下，我们编辑出版了《河长治水锦囊》。

河湖管理保护是一项复杂的系统工程，涉及上下游、左右岸、不同行政区域和行业。如何抓好"河长制"的落实，要根据各地实际情况，做到"一河一策"。

希望《河长治水锦囊》能帮助广大基层河长更好地理解"河长制"的相关内容，并有效地落实河长职责。同时，也希望《河长治水锦囊》能起到"抛砖引玉"的作用，为各地全面推行河长制提供有益的借鉴。

2017年3月

目 录

　　"河长制"是由江苏省无锡市首创。2007年4月底、5月初，太湖梅梁湾暴发蓝藻，造成太湖流域城市停水，空前的饮用水危机，引起党中央国务院高度重视，太湖流域治理工程得以启动。无锡市委办、市府办印发了《无锡市河（湖、库、荡、氿）断面水质控制目标及考核办法（试行）》，将河流断面水质的检测结果纳入各县（市、区）"党政主要负责人政绩考核内容"。

　　2013年2月，针对温州市"邀请环保局长下河游泳"事件和3月"黄浦江死猪"事件，浙江省省委、省政府印发了《关于全面实施"河长制"进一步加强水环境治理工作的意见》（浙委发〔2013〕36号），决定全省全面推行"河长制"，实施水环境治理。自此，浙江省拉开了河长治水的帷幕。

　　2016年，浙江省相继发布了《关于印发河长公示牌规范设置指导意见的通知》（浙治水办发〔2016〕15号）、《关于印发基层河长巡查工作细则的通知》（浙治水办发〔2016〕22号）、《关于印发〈全省入河排污（水）口标识专项行动方案〉的通知》（浙治水办发〔2016〕26号）这三个文件。为更好地理解"河长制"和文件的内容，浙江省台州市"河长制"工作领导小组办公室编写了这本《河长治水锦囊》。

　　大家好！我是一名基层河长。接下来就由我来带领大家走进河长的日常工作中，让大家了解河长这一平凡而光荣的岗位。

（一）河道巡查

　　今天是我上任的第一天，先巡查河道情况。在河边我发现了一块倾斜的河道公示牌，并且严重破损、变形、变色、老化，上面留着的是上一任河长的名字和打不通的电话号码。

　　于是我把情况发到了河长微信群，把情况反映给相关职能部门，告诉他们要对河长公示牌进行更换。

当接近河边的时候，就闻到了一阵恶臭，发现河水成黑色，原来河底有明显污泥和垃圾，河面上飘着工业固体废弃物。

　　沿着河道走，发现有工厂和畜禽养殖场在非法排污，不仅如此，河边还有一个非法养鸭场。

　　深入了解后，发现他们的排污口还不止一个，而且还没有设立入河排污口标识牌。

更不可思议的是，我还在居民区发现了涉水违章建筑物。

违章建筑物的旁边还有居民在非法电鱼、网鱼、药鱼。

（二）填写河长巡查日志

　　巡查结束之后，立即整理了一天的巡查记录，写成河长工作日志并输入了电脑存档。把相关问题上报给治水办，联系有关职能部门对当日的问题进行处理。

　　过了一周以后，当我再次去巡查的时候，发现上周的问题都已经得到了解决。相关职能部门已经把原先的公示牌更换了。（注：详细格式见本书的知识篇）

　　河道保洁员已经把河面清理得差不多了，河水变干净了，也闻不到臭味了。

　　经过农业部门和环保部门等相关部门的联合整改处理，附近的畜禽养殖厂、工业企业不再排放污水，非法养鸭场也被拆除了。

在入河排污口旁，设立了明显的入河排污口标识牌。（注：详细格式见本书的知识篇）

　　远处传来机器的声响，原来是居民区的涉水违章建筑物正在拆除中。居民通过相关部门的教育也意识到了"电鱼、网鱼、药鱼"是违法行为，不再电鱼了。

（一）河长公示牌设置

河长公示牌正面格式见下图：

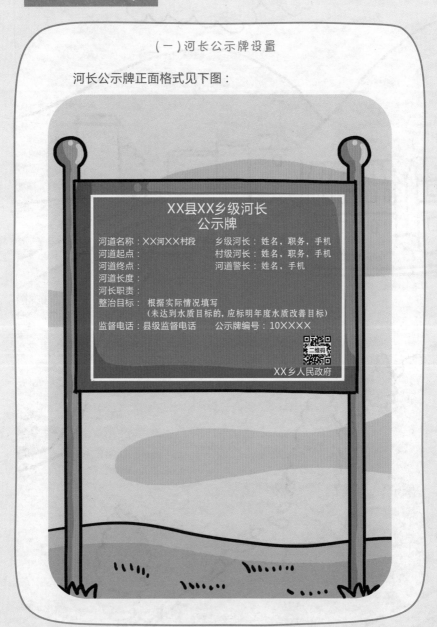

XX县XX乡级河长公示牌

河道名称：XX河XX村段　　　乡级河长：姓名，职务，手机
河道起点：　　　　　　　　　村级河长：姓名，职务，手机
河道终点：　　　　　　　　　河道警长：姓名，手机
河道长度：
河长职责：
整治目标：根据实际情况填写
　　　　　（未达到水质目标的，应标明年度水质改善目标）
监督电话：县级监督电话　　公示牌编号：10XXXX

二维码

XX乡人民政府

河长公示牌背面格式见下图：

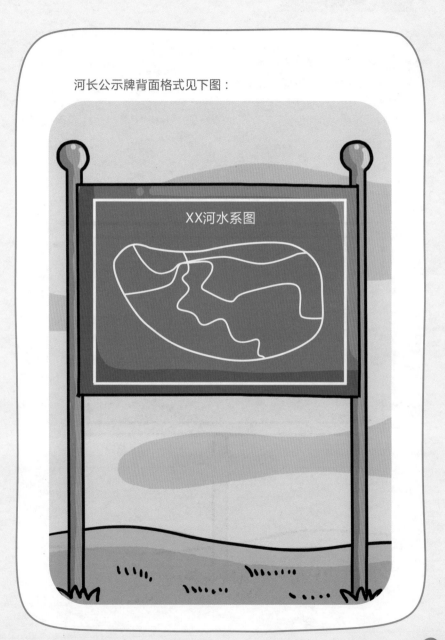

（二）入河排污口标识规范

入河排污口标识规范见下图：

入河排污（水）口名称

主要污染源：参照《入河排污（水）口登记表》
工作目标：　整治内容和完成时限要求（根据实际情况填写）
河道河长：　镇级河长姓名、职务及手机号码
监督电话：　县级统一设立的监督举报电话

标识牌编号：xxxx

300~420 mm

300~420 mm

<1m

（三）河长巡查工作细则

1. 职责分工

（1）基层河长是责任河道巡查工作的第一责任人。河道保洁员、网格化监管员要结合保洁、监管等日常工作，积极协助基层河长开展巡查，发现河道水质异常、入河排污（水）口排放异常等问题应第一时间报告河长。鼓励组织、聘请社会团体相关人员、志愿者开展河道巡查协查工作。

（2）河长办及有关部门积极支持基层河长履职，及时将河道入河排污（水）口分布图、污染源清单、河道治理项目等信息予以公开，并由河长办统一通报给基层河长，为其开展巡查工作创造条件。

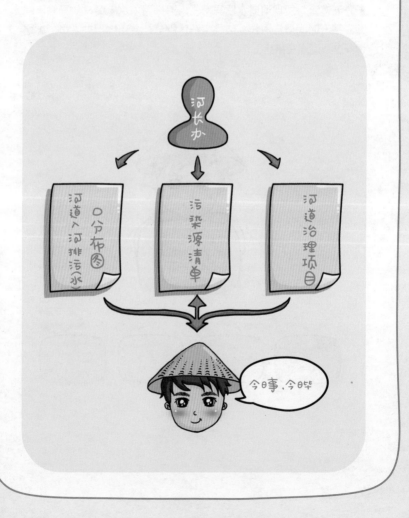

（3）河长办制定基层河长培训计划并组织开展培训，提高基层河长巡查履职能力。新任河长应及时接受培训，基层河长两年内需轮训一次。

（4）积极推进河长制信息化管理系统建设，突出以基层河长日常巡查履职为重点，实现及时、方便、高效的巡查。各地要推广使用河长制APP或微信公众平台，公开河长信息、河道"一河一策"治理方案、水质状况等内容。积极引导公众使用河长制APP或微信公众平台参与治水监督。镇级以上（含镇级）河道河长应建立河长微信或QQ联络群，及时沟通信息、联络工作。

2. 巡查频次和内容

（1）基层河长应加大对责任河道的巡查力度，镇级河长不少于每旬一次，村级河长不少于每周一次，对水质不达标、问题较多的河道应加密巡查频次。基层河长因故不能开展巡查的，应委托相关人员代为开展巡查，并将巡查情况及时报告基层河长。应组织河道保洁员、巡河员、网格化监管员等相关人员对河道每天开展巡查，发现问题及时报告河长。

（2）基层河长巡查应重点查看以下内容：

1）河面、河岸保洁是否到位。

2）河底有无明显污泥或垃圾淤积。

3）河道水体有无异味，颜色是否异常（如发黑、发黄、发白等）。

4）是否有新增入河排污口；入河排污口排放废水的颜色、气味是否异常，雨水排放口晴天有无污水排放；汇入入河排污（水）口的工业企业、畜禽养殖场、污水处理设施、服务行业企业等是否存在明显异常排放情况。

5）是否存在涉水违建（构）筑物，是否存在倾倒废土弃渣、工业固体废弃物和危险废物，是否存在其他侵占河道的问题。

6）是否存在非法电鱼、网鱼、药鱼等破坏水生态环境的行为。

7）河长公示牌等涉水告示牌设置是否规范，是否存在倾斜、破损、变形、变色、老化等影响使用的问题。

8）以前巡查发现的问题是否解决到位。

9）是否存在其他影响河道水质的问题。

3. 巡查记录

（1）基层河长巡查过程中或巡查任务结束当天，应当及时、准确记录河长巡查日志，以纸质或信息化电子记录等形式存档备查。

（2）河长巡查日志格式文本由各县（市、区）河长办统一制作，并及时提供给基层河长。河长巡查日志应当包括巡查起止时间、巡查人员、巡查路线、发现的主要问题（包括问题现状、责任主体、地点、照片等）、处理情况（包括当场制止措施、制止效果，提交有关职能部门或向上级河长、当地河长办报告情况以及向上反映问题的解决情况）等基本内容。

4. 问题发现和处理

（1）基层河长在巡查过程中发现问题的，应当妥善处理并跟踪解决到位。

（2）镇级河长巡查发现问题后应及时安排解决，在其职责范围内暂无法解决的，应当在一个工作日内将问题书面或通过河长微信（QQ）工作联络群等方式提交有关职能部门解决，并报告当地河长办。

（3）村级河长巡查发现问题应及时安排解决，在其职责范围内暂无法解决的，要通过河长微信（QQ）工作联络群等方式立即报告镇级河长（无镇级河长的报告乡镇、街道），由镇级河长（镇级河长办）协调解决或由其提交有关职能部门解决。

（4）所提交问题涉及多个部门或难以确定责任部门的，基层河长（镇级河长办）可提请上级河长或当地县（市、区）河长办予以协调，落实责任部门。

（5）相关职能部门接到基层河长提交的有关问题，应当在五个工作日内处理并书面或通过河长微信（QQ）工作联络群答复河长。

（6）基层河长要对职能部门处理问题的过程、结果进行跟踪监督，确保解决到位。

（7）基层河长接到群众的举报投诉，应当认真记录、登记，并在一个工作日内赴现场进行初步核实。

（8）举报反映属实的问题，应当予以解决，并跟踪落实到位。对暂不能解决的问题，参照巡查发现问题的处理程序，提交有关职能部门处理。

（9）基层河长应在七个工作日内，将投诉举报问题处理情况反馈给举报投诉人。

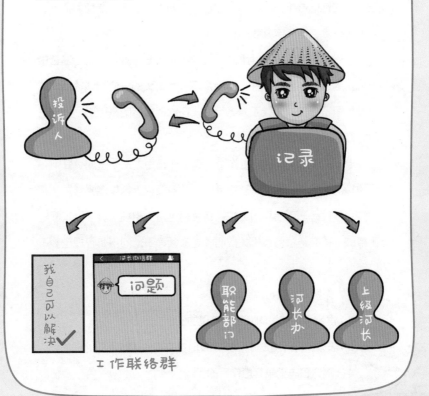

工作联络群

5.考核奖惩

（1）县（市、区）应当将基层河长巡查工作作为基层河长履职考核的主要内容，纳入干部实绩考核。

（2）基层河长巡查工作考核，应当结合本年度巡查工作的检查、抽查情况，重点考核巡查到位情况和问题及时发现、处理、提交、报告、跟踪解决到位情况及巡查日志记录情况。配发河长制管理信息终端的县（市、区），应将河长制管理信息终端使用情况纳入河长巡查工作考核内容。

（3）县（市、区）河长办对定期考核、日常抽查、社会监督中发现基层河长巡查履职存在问题或隐患、苗头的，应约谈警示。对巡查履职不到位、整改不力等行为，在约谈警示的基础上，还应进行督办抄告，视情启动问责程序。

（4）基层河长巡查工作中，有下列行为之一，造成"三河"（垃圾河、黑河、臭河）严重反弹、被省级以上媒体曝光或发生重大涉水事件等严重后果的，按照有关规定追究责任，其中涉及领导干部的，移交纪检监察机关按照《党政领导干部问责暂行规定》予以问责：

1）未按规定进行巡查的。

2）巡查中对有关问题视而不见的。

3）发现问题不处理的，或未及时提交有关职能部门处理的。

4）巡查日志记录弄虚作假的。

（5）河长办要积极发现基层河长履职工作的典型，大力宣传先进事迹，每年开展优秀基层河长评选活动，对履职优秀的基层河长予以表彰。

优秀基层河长表彰大会

（四）水污染防治基本知识

1. 地表水环境质量标准常用项目标准限值（单位：mg/L）

序号	分类		I类	II类	III类	IV类	V类
1	pH值（无量纲）		6~9				
2	溶解氧	≥	饱和率90%（或7.5）	6	5	3	2
3	高锰酸盐指数	≤	2	4	6	10	15
4	化学需氧量(COD)	≤	15	15	20	30	40
5	五日生化需氧量(BOD$_5$)	≤	3	3	4	6	10
6	氨氮（NH$_3$-N）	≤	0.15	0.5	1.0	1.5	2.0
7	总磷（以P计）	≤	0.02 (湖、库0.01)	0.1 (湖、库0.025)	0.2 (湖、库0.05)	0.3 (湖、库0.1)	0.4 (湖、库0.2)
8	总氮（湖、库,以N计）	≤	0.2	0.5	1.0	1.5	2.0
9	铜	≤	0.01	1.0	1.0	1.0	1.0
10	锌	≤	0.05	1.0	1.0	2.0	2.0
11	汞	≤	0.00005	0.00005	0.0001	0.001	0.001
12	镉	≤	0.001	0.005	0.005	0.005	0.01
13	铬（六价）	≤	0.01	0.05	0.05	0.05	0.1
14	铅	≤	0.01	0.01	0.05	0.05	0.1
15	氰化物	≤	0.005	0.05	0.2	0.2	0.2
16	石油类	≤	0.05	0.05	0.05	0.5	1.0
17	类大肠菌群/(个/L)	≤	200	2000	10000	20000	40000

2. 地表水功能区分类

Ⅰ类：主要适用于源头水、国家自然保护区。

Ⅱ类：主要适用于集中式生活饮用水地表水源地一级保护区、珍稀水生生物栖息地、鱼虾类产场、仔稚幼鱼的索饵场等。

Ⅲ类：主要适用于集中式生活饮用水地表水源地二级保护区、鱼虾类越冬场、洄游通道、水产养殖区等渔业水域及游泳区。

Ⅳ类：主要适用于一般工业用水区及人体非直接接触的娱乐用水区。

Ⅴ类：主要适用于农业用水区及一般景观要求水域。

劣Ⅴ类：是指低于Ⅴ类水质，无法用于一切日常生活、养殖、农业及娱乐用途，污染极其严重，急需治理的水体。

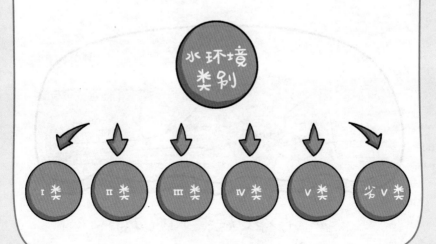

3. 在水中降解的污染物

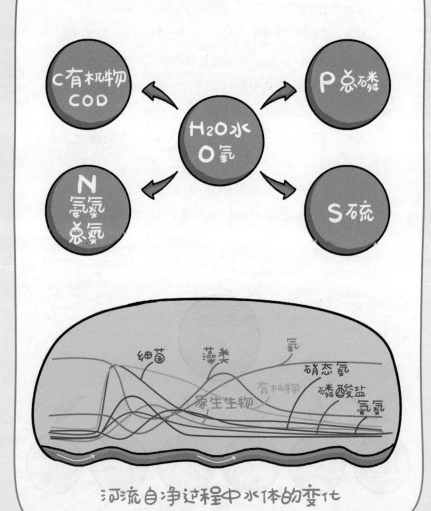

河流自净过程中水体的变化

4. 沿河有关规定政策

（1）水禽养殖。不准在河道内围网、围栏养殖。禁养区内禁止养鸭，非禁养区内鸭舍选址距主要河道两岸200米范围外，距其他河道两岸20米范围外，且所有养鸭场须配套建设污水处理设施，污水达标排放或资源化综合利用，并通过治理验收。（台治水办〔2016〕20号《关于开展畜禽养殖扩面整治深化农业水环境治理工作的通知》）

（2）养殖场。禁养区内、主要河道两岸200米（包括重要河道的连接支河）范围内、镇村级河道20米内不得有畜禽养殖场。

（3）违章建筑物。省级河道为沿线两侧15米范围内，市、县级河道为沿线两侧10米范围内，乡镇河道为沿线两侧7米范围内，湖泊（水库）及1万立方米以上供生活用水的山塘正常水位周边30米范围内，不得有违章建筑物。（台治水办〔2014〕7号《关于印发〈台州市无违法建筑河道"铁拳"整治行动实施方案〉的通知》）

（4）垃圾河清理验收标准：河面无成片漂浮废弃物、病死动物等；河中无影响水流畅通的障碍物、构筑物；河岸无垃圾堆放，无新建违法建筑物；河底无明显污泥或垃圾淤积；建立河道沿岸垃圾收集处理及河道保洁长效管理制度，落实保洁人员和工作经费，建立工作台账，明确河长及职责，建立巡查监管制度。

河长制 河长治